河道采砂50问

主　编　李洪任
副主编　刘　艳　张立存

· 北京 ·

内容提要

本书为河道采砂相关知识科普图书。全书分为4个专题50个问题，包括：砂的本质、砂的使用、砂的开采、采砂管理。本书采用问答的方式，辅以漫画插图，对河道采砂的相关知识进行宣传和普及。

本书主要供从事河道采砂管理的工作者以及关注河道采砂的大众阅读参考。

图书在版编目（CIP）数据

河道采砂50问 / 李洪任，刘艳，张立存主编. -- 北京：中国水利水电出版社，2022.5
ISBN 978-7-5226-0699-6

Ⅰ. ①河… Ⅱ. ①李… ②刘… ③张… Ⅲ. ①河道－砂矿开采－问题解答 Ⅳ. ①TD806-44

中国版本图书馆CIP数据核字（2022）第079862号

书　　名　河道采砂50问
　　　　　HEDAO CAISHA 50 WEN
作　　者　主编　李洪任　副主编　刘　艳　张立存
出版发行　中国水利水电出版社
　　　　　(北京市海淀区玉渊潭南路1号D座　100038)
　　　　　网址：www.waterpub.com.cn
　　　　　E-mail: sales@mwr.gov.cn
　　　　　电话：(010) 68545888（营销中心）
经　　售　北京科水图书销售有限公司
　　　　　电话：(010) 68545874、63202643
　　　　　全国各地新华书店和相关出版物销售网点

排　　版　北京金五环出版服务有限公司
印　　刷　北京印匠彩色印刷有限公司
规　　格　170mm×230mm　16开本　4.25印张　73千字
版　　次　2022年5月第1版　2022年5月第1次印刷
印　　数　0001—2000册
定　　价　25.00元

《河道采砂50问》编写人员

主　编　李洪任

副主编　刘　艳　张立存

参　编　袁锦虎　张书滨

　　　　黎　洲　危文广

前　言

河道采砂事关河势稳定，事关防洪、供水、航运、基础设施和生态安全，是政府管理的难点、社会关注的焦点。全国各地每年因为河道采砂引起的信访矛盾纠纷不在少数，这其中有很多是因为人们对河道采砂有关管理规定认识不到位而引发的。国家对河道采砂实行许可制度，开展河道采砂要依法严格履行相关程序，任何单位和个人不得擅自开采。从事采砂活动人员，如果对河道采砂相关知识，特别是有关管理规定，认识不到位，容易出现违法违规行为，甚至导致犯罪。

为加强河道采砂相关知识的宣传和普及，作者编著了《河道采砂 50 问》读本，通过一问一答的形式，结合形象的漫画插图，让采砂管理者和公众更直观地认识砂，了解砂的本质、用途、开采以及管理等相关知识，形成知砂、惜砂、爱砂、护砂的良好氛围，为维护良好的河道采砂管理秩序，促进经济社会高质量发展发挥积极作用。

本书由李洪任总体策划，共分为 4 个专题：“砂的本质”由李洪任编写；“砂的使用”由刘艳、危文广编写；“砂的开采”由袁锦虎、黎洲编写；“采砂管理”由张立存、张书滨编写。全书由李洪任、刘艳、张立存审定。

本书在编写过程中得到了江西省水利厅和江西省鄱阳湖水利枢纽建设办公室的大力支持，在此表示衷心的感谢。本书参阅并引用了大量的书籍、标准、法律条款和相关文件等资料，在此一并致谢。

限于作者的知识水平和实践经验，书中难免存在不当之处，恳请读者批评指正。

编者

2022 年 3 月 23 日于江西南昌

目 录

前言

专题一 砂的本质

专题二 砂的使用

专题三 砂的开采

专题四　采砂管理

专题一

砂的本质

1 砂是什么?

这里所说的砂是指天然砂，是在自然条件作用下岩石产生破碎、风化、分选、运移、堆/沉积，形成的粒径小于 4.75mm 的岩石颗粒，包括河砂、湖砂、山砂、净化处理的海砂，但不包括软质、风化的颗粒。

2 河砂是如何形成的?

河砂是自然生成的。它有两条生成路径,其一是河岸上裸露的岩石,经阳光、风雨、霜冻等自然因素和人为因素的共同作用分化成细小颗粒（砂石），其在地表径流的挟带下进入河道，受河道流速、流量等因素变化影响，粒径不同的砂石及泥沙分别沉积在不同的河段上，便形成了天然的河砂；其二是河道内的天然石在自然状态下，经水的作用力长时间反复冲撞、摩擦而产生的细小颗粒，沉积在河道上，也形成了天然的河砂。

3 “砂”与“沙”有区别吗?

“砂”与“沙”严格地说是有区别的。

其一，从汉语角度看，“沙”意指“水中散石颗粒”，一般从水中获得的细微颗粒状散石并与水有关，均用“沙”表示，如“泥沙”“沙滩”等。“砂”意指“石之细碎者”，泛指细碎的石物质。从字面上讲，两者一个和水有关，一个和石有关。“沙”一般从水中获得，而“砂”既可以从水中获得也可以人工机械加工而成。

其二，从粒径比较看，“沙”的粒径比“砂”的粒径小。

其三，从使用上看，在工程建设中用的是“砂”，由于“沙”颗粒过于细小，有些还非常圆润，摩擦力很小，承重能力较差，而现在的工程建设标准比较高，用“沙”难以满足其质量标准要求。如果用“沙”代替“砂”，不仅降低混凝土的强度，而且还因为细小的“沙”表面积大导致浪费更多的水泥。所以，工程中用的是“砂”。

4 砂含有哪些成分？

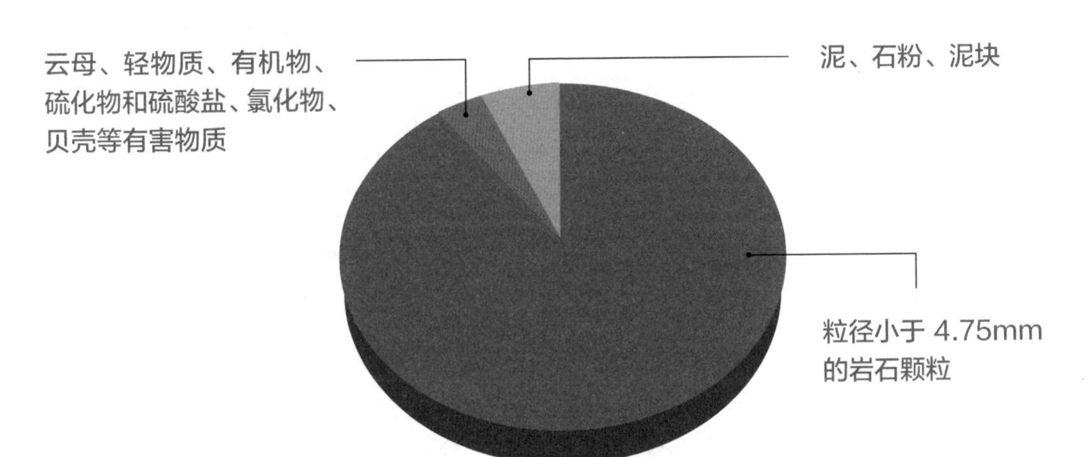

砂中含有的成分主要是粒径小于4.75mm的岩石颗粒，一般还含有一定量的泥、石粉、泥块，以及少量云母、轻物质、有机物、硫化物和硫酸盐、氯化物、贝壳等有害物质。

5 砂的基本物理特性主要有哪些?

砂的基本物理特性主要有颗粒级配、坚固性、表观密度、松散堆积密度、空隙率、碱骨料反应、放射性、含水率、饱和面干吸水率。

6 砂的规格怎样划分？

按照细度模数可以将砂分为粗砂、中砂、细砂和特细砂。砂的细度模数是衡量砂粗细程度的指标。细度模数为 3.7 ~ 3.1 的是粗砂，细度模数为 3.0 ~ 2.3 的是中砂，细度模数为 2.2 ~ 1.6 的是细砂，细度模数为 1.5 ~ 0.7 的是特细砂。

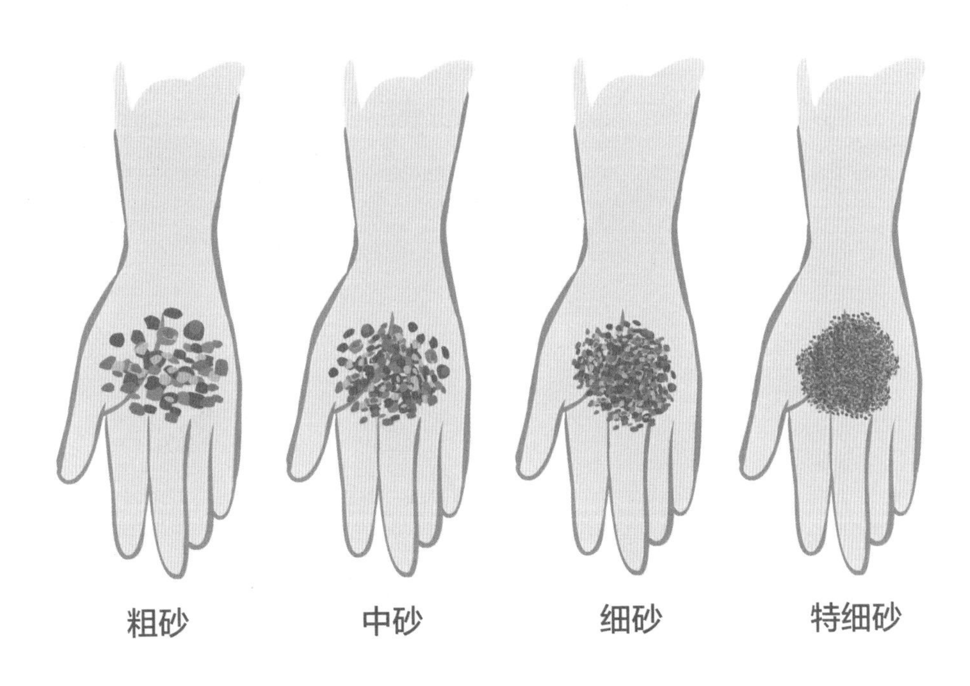

7 砂有哪些分类?

按产源砂分为天然砂、机制砂和混合砂。

天然砂：在自然条件作用下岩石产生破碎、风化、分选、运移、堆/沉积，形成的粒径小于 4.75mm 的岩石颗粒，包括河砂、湖砂、山砂、净化处理的海砂，但不包括软质、风化的颗粒。

机制砂：以岩石、卵石、矿山废石和尾矿等为原料，经除土处理，由机械破碎、整形、筛分、粉控等工艺制成的，级配、粒形和石粉含量满足要求且粒径小于 4.75mm 的颗粒。

混合砂：由机制砂和天然砂按一定比例混合而成的砂。

8 河砂是可再生资源吗?

河砂是重要的自然资源，是不可再生资源，经人类长期的开采利用，河砂资源已近枯竭，需要我们好好保护，合理开发利用，避免过度开采。

9 河砂的所有权归谁?

河砂资源属于国家所有。河砂资源的国家所有权,不因其所依附的土地所有权或者使用权不同而改变。禁止任何组织或者个人用任何手段侵占或者破坏河道砂石资源。

专题二

砂的使用

10 砂的用途主要有哪些?

无论天然砂还是人工砂，其最主要的用途均为建筑用砂。此外，河砂、海砂还能用于铸造、研磨、除锈等工业领域，如玻璃制造。

河砂多用于建筑混凝土、胶凝材料、筑路材料、人造大理石、水泥物理性能检验材料（即水泥标准砂）等。河砂还可应用于铸造、锻造、冶金、热处理、钢结构、架结构、集装箱、船舶、修造、桥梁、矿山等领域的清砂、除锈、强化、成形，以及作为重型混凝土及高温耐火材料的添加剂，以增加其耐磨性、耐高温性、抗冲刷性、静电屏蔽、防辐射、配重等。

11 建筑用砂的类型有哪些？

建筑用砂按照产源可分为天然砂和人工砂。

天然砂主要有河砂、湖砂、山砂、净化处理的海砂。

人工砂是经除土处理的机制砂和混合砂的统称。

混合砂是机制砂和天然砂的混合物。其混合比例没有严格的限制，一般根据砂的质量、用途等确定。

12 建筑用砂的优劣判别标准是什么？

建筑用砂的优劣主要是根据砂的颗粒级配、天然砂的含泥量、机制砂的亚甲蓝值与石粉含量、泥块含量、有害物质、坚固性、压碎指标、片状颗粒含量、表观密度、松散堆积密度、空隙率、放射性、碱骨料反应、含水率、饱和面干吸水率等指标参数进行综合判别。

通常颗粒级配、含泥量、亚甲蓝值与石粉含量、泥块含量、有害物质、压碎指标、片状颗粒含量、空隙率、放射性、碱骨料反应等指标越小越优；坚固性、表观密度、松散堆积密度等指标越大越优；含水率和饱和面干吸水率两项指标视用途而定，不以绝对的大小来判别其优劣。

颗粒级配
天然砂的含泥量
机制砂的亚甲蓝值与石粉含量
泥块含量
有害物质
坚固性
压碎指标
片状颗粒含量
表观密度
松散堆积密度
空隙率
放射性
碱骨料反应
含水率
饱和面干吸水率

13 河砂的质量如何检测?

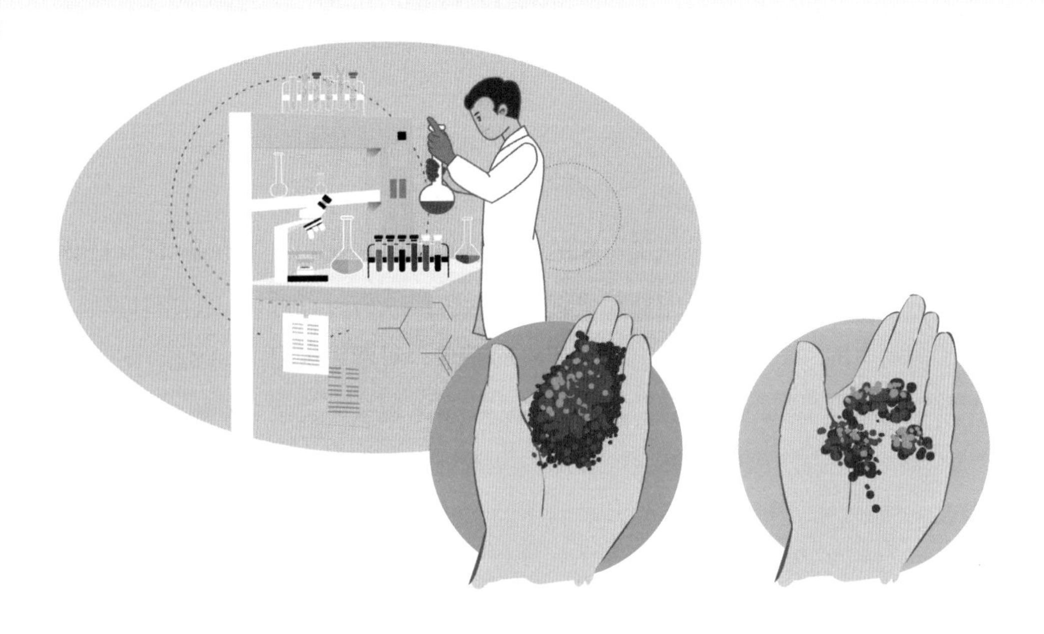

河砂的质量需要通过科学实验对相关指标进行检测后综合分析得出，不同指标的检测方法不尽相同，如可用筛分法检测河砂的颗粒级配；用标准法等检测河砂的含泥量、泥块含量、表观密度、松散堆积密度、空隙率、含水率和饱和面干吸水率；用盐酸清洗法等检测河砂的有害物质；用硫酸钠溶液法检测河砂的坚固性；用放射性比活度检测放射性；用快速法检测碱骨料反应。

此外，还可以通过观察法大致判定河砂质量。①将手伸入袋子伸出抓一把砂，打开手后，如果砂子成团状，说明砂子中泥多，质量差；如果砂子成小块散开，说明质量较好。②砂子应该是潮湿状态，不能太干。如果砂粒很细、很干，像土一样，同样不能使用。③可从颜色上辨别。正常的砂子颜色偏黄，如果砂子颜色很黑，那么说明里面泥土很多。

14 河砂与机制砂的优缺点是什么?

河砂的优点是表面光滑，粒度好，颗粒圆滑，整体级配相对较好；缺点是握裹力稍差，有的河砂含泥量较高。

机制砂的优点是可以采用工厂化的方式生产，在产量和质量方面可以得到较好的保证；其在物理力学方面的性能更优，而且生产原料可以选择，生产时可以尽量选择一些硬质的岩石；可以根据建筑工程的需求，对颗粒级配、细度模数进行合理的调整。其缺点是机制砂的颗粒比较尖锐，棱角比较多，表面非常粗糙，细度模数在3.0以上，颗粒的级配相对比较差，造成混凝土的和易性比较差，容易产生离析、泌水现象；机制砂中一般含有一定量的石粉，其含量如果过高会对砂与水泥之间的黏结起到严重的阻碍作用。

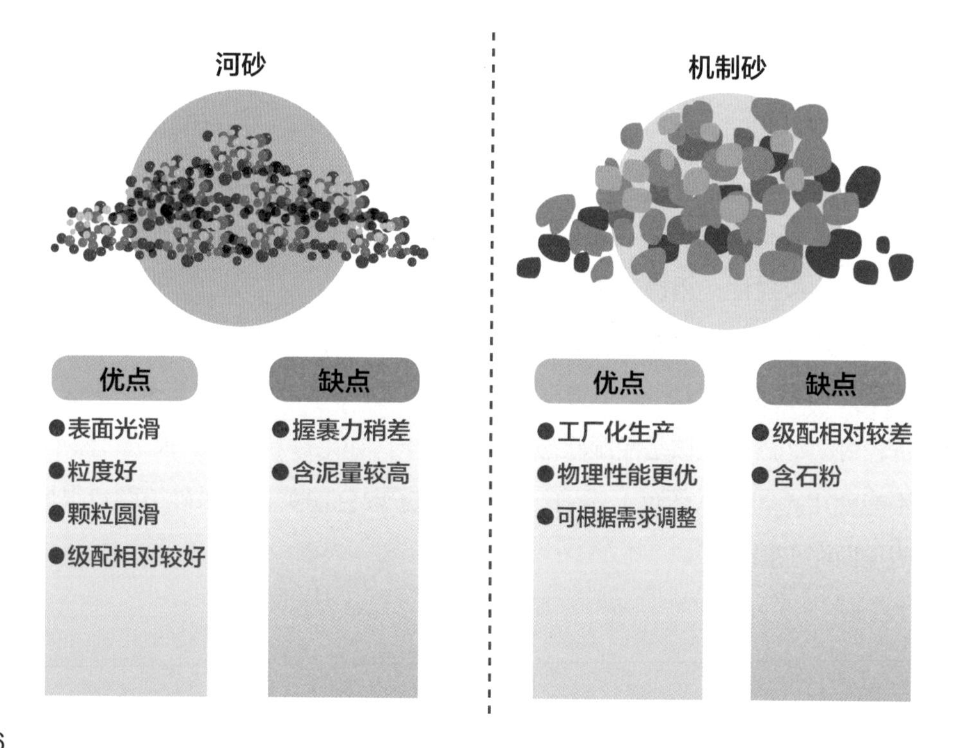

15 海砂可以直接作为建筑用砂吗?

海砂不可以直接作为建筑用砂。海砂，顾名思义就是来源于海洋中的砂子，往往含贝壳和岩屑，且含泥量较高、杂质较多，其经过海水浸泡，氯离子（盐分）含量较高，还有较高含量的有机质和一定含量的硫酸盐、硫化物等。高含量的氯离子会腐蚀钢筋，导致建筑结构受损，大大降低建筑物承重力和寿命等，因此在建筑上，海砂不能直接作为钢筋混凝土的细骨料使用。住房和城乡建设部规定，用于钢筋混凝土细骨料的海砂必须经过淡化处理，将其氯离子含量降到 0.06% 以下。

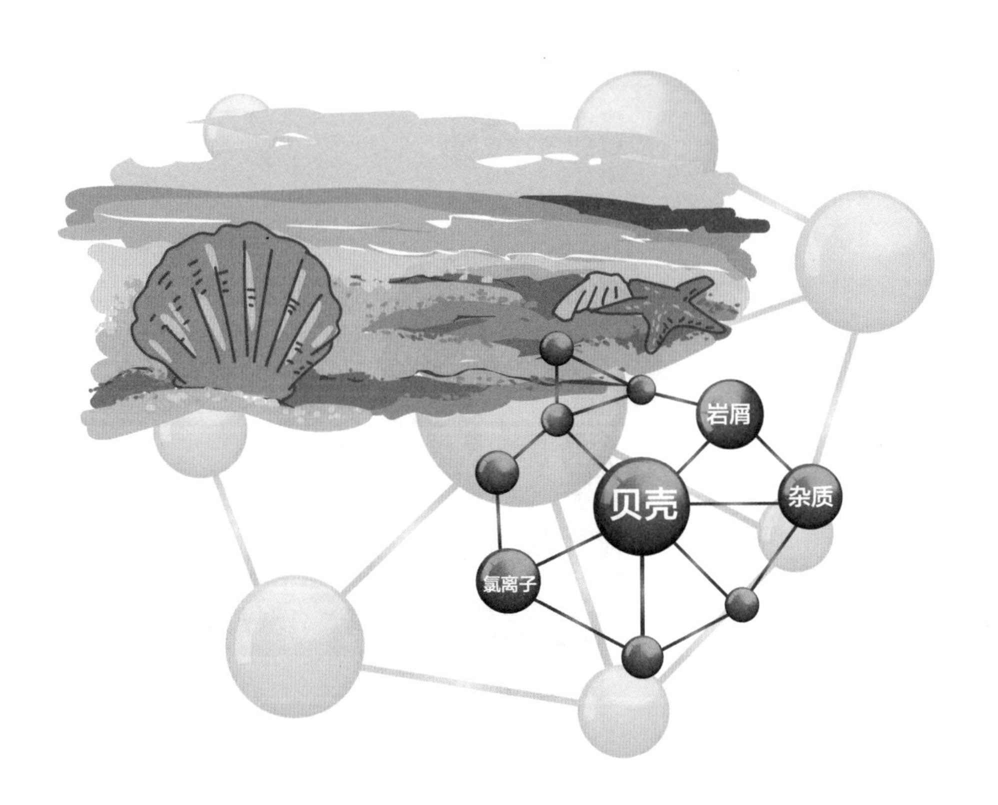

16 沙漠沙可以直接作为建筑用砂吗？

沙漠沙不可以直接作为建筑用沙。沙漠沙，顾名思义是来自于沙漠中的沙子，靠风化和堆积而来，有害物质含量很高，且颗粒过细（一般在 0.3mm 以下），不符合我国建筑用砂的标准。此外，沙漠中的沙子含碱量非常高，其盐碱成分对于建筑物中的钢筋具有腐蚀性，含碱量高的沙子还容易和水泥以及水产生化学反应，从而导致最后成型的混凝土强度不够，因此沙漠沙不能直接作为建筑用砂。

专题三

砂的开采

17 什么是河道采砂?

河道采砂是指在河道、湖泊、人工水道、行洪区、蓄洪区、滞洪区等范围内开采砂石、取土等行为。

18 河道采砂遵循的基本原则是什么?

河道采砂遵循的基本原则是科学规划、总量控制，有序开采、保护生态，严格监管、确保安全。

19 河砂开采是否需要许可?

《中华人民共和国水法》明确规定国家实行河道采砂许可制度，因此在我国境内从事河道采砂经营活动，需依法申请并取得河道采砂许可证，未取得县级以上人民政府水行政主管部门颁发的河道采砂许可证，不得从事河道采砂活动。

20 谁可以申请河道采砂?

有经营河道砂石业务营业执照、满足一定条件的单位和个人均可申请河道采砂。

21 采砂申请人需要具备哪些条件?

采砂申请人需具备以下条件：①有经营河道砂石业务的营业执照；②采砂作业方式符合规定；③有符合采区规划要求的采砂设备和技术人员；④采砂船舶（机具）、船员证书齐全有效；⑤使用的采砂船舶（机具）符合所在地数量控制要求；⑥无违法采砂记录；⑦法律、法规规定的其他条件。

22 河道中的砂都可以开采吗?

河道中的砂石资源并不都是可以开采的。实施河道采砂应进行科学规划，按照河道生态环境安全、防洪安全、通航安全、工程安全等要求，合理设置可采区、保留区和禁采区，并分类管理。

对于可采区范围内的砂石资源，经许可后可有序实施开采；对于保留区范围内的砂石资源，若要开采，首先需经充分论证，依法将保留区转为可采区后，再按照可采区砂石资源开采的程序依法组织开采；对于禁采区范围内的砂石资源，严禁开采。

23 河砂开采有哪些作业方式？

根据采砂现场环境的不同，采砂作业可分为水采、旱采和混合采三种方式，具体采用哪种方式主要由采区所在水域的水位情况决定。在水位较深的区域一般采用水采；在裸露的洲滩等区域一般采用旱采；而在一些浅水区域，随着水位的变化等现场情况，可以选择采取不同的作业方式。

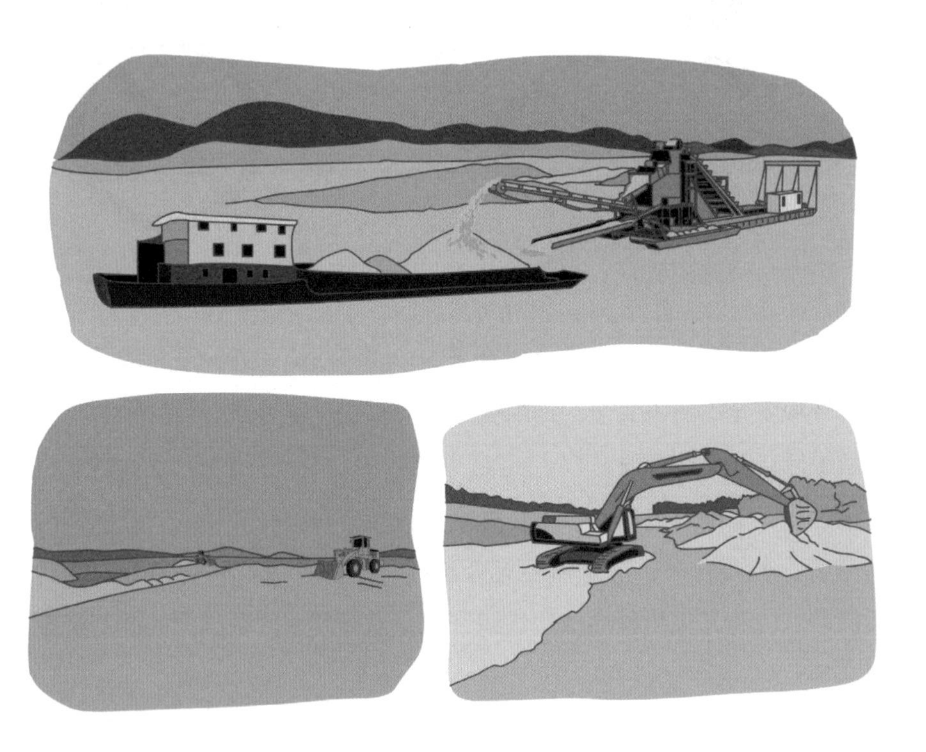

24 采砂机具主要有哪些类型?

采砂机具是指采砂船舶（包括吸砂泵等用于采砂的动力装置、吸砂管及其接头软管、输砂装置、吊杆机械、分离机械、抽砂浮动设施等）、挖掘机械以及其他现场与开采砂石相关的机械和工具。采砂设备主要有抓斗式、链斗式、抽吸式等类型。

25 对采砂机具的功率有规定吗?

为保障生态环境安全、防洪安全、通航安全、工程安全等需要，根据采区所在河道、河段、水域的基本情况，对采砂机具功率大小是有限制要求的。如《江西省河道采砂管理条例》规定，在鄱阳湖采砂的，采砂设备功率不得超过4000千瓦；在赣江、抚河干流采砂的，采砂设备功率不得超过750千瓦；在其他河道采砂的，采砂设备功率不得超过300千瓦。

26 非法采砂行为通常有哪些?

非法采砂行为通常有：未经许可进行河道采砂；在禁采区、禁采期内采砂；不按照河道采砂许可证要求采砂；不随采随运，在河道内擅自设置砂场、堆积砂石或者废弃物；运砂船舶（车辆）装运没有河道砂石采运管理单的河道砂石；采砂船舶（机具）在禁采区滞留；未取得河道采砂许可证的采砂船舶（机具）在可采区滞留；采砂船舶（机具）不按规定集中停放，擅自离开集中停放点等。

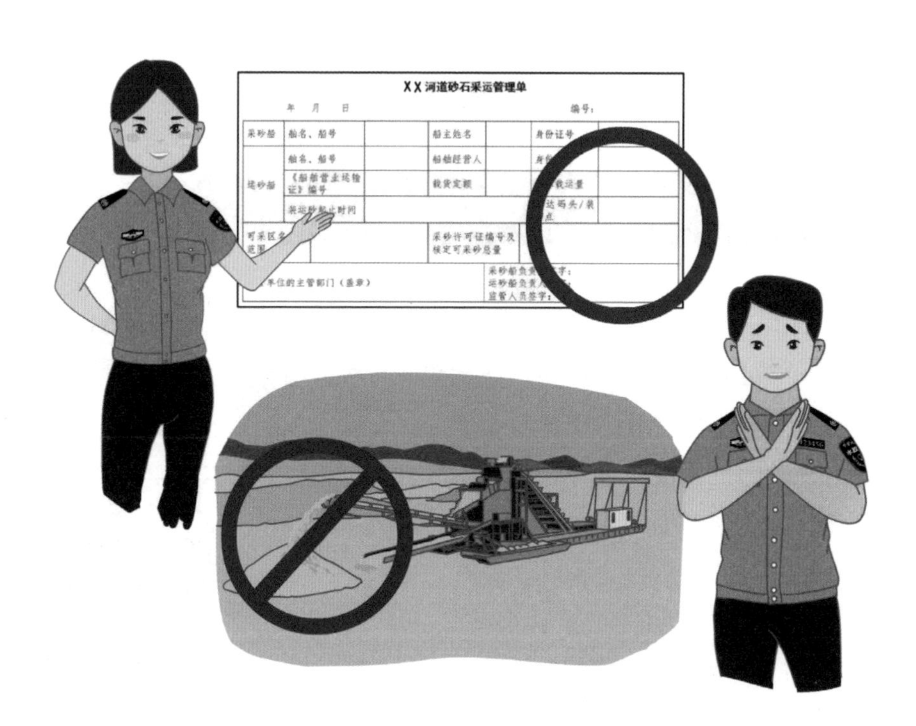

27 河道采砂可采区是指什么?

河道采砂可采区是指河道管理范围内允许采砂的区域，具体是指在河道采砂规划中，科学划定的符合河道生态环境安全、防洪安全、通航安全、工程安全等要求，可以实施河道采砂的区域。

28 河道采砂保留区是指什么?

河道采砂保留区是指河道管理范围内对是否可以采砂具有不确定性，需要对采砂的可行性作进一步论证的区域。河道采砂规划可采区、禁采区以外的区域，均为河道采砂保留区。

29 河道采砂禁采区是指什么？

河道采砂禁采区是指河道管理范围内禁止采砂的区域。禁采区主要包括：①河道防洪工程、河道和航道整治工程、水库枢纽、水文观测设施、水质监测设施、航道设施、涵闸以及取水、排水、水电站等水工程安全保护范围；②河道顶冲段、险工、险段、护堤地；③桥梁、码头、渡口、通信电缆、电力、过河管道、隧道等工程设施安全保护范围；④水产种质资源保护区、鱼类主要产卵场、索饵场、越冬场、洄游通道等水域；⑤生活饮用水水源保护区、风景名胜区、自然保护区、国际重要湿地、国家和省湿地公园保护保育区；⑥河流底泥重金属超标的水域；⑦影响航运的水域；⑧有重大权属争议、行政区划界线不清的水域；⑨依法禁止采砂的其他区域。

30 河道采砂禁采期是指什么?

河道采砂禁采期是指禁止采砂的时期。禁采期一般包括：河道达到或者超过警戒水位时；依法划定的禁渔区的禁渔期；依法禁止采砂的其他时段。

31 为什么要推广机制砂?

天然砂是不可再生资源，经过多年大规模开采，河砂等天然砂资源逐渐减少，其开采量已远不能满足用砂市场需求，机制砂逐渐成为我国建设用砂的主要来源。相对于河砂等天然砂资源，机制砂具有原料成分可选择，颗粒级配、细度模数可以调整等优势，因此近年来全国各地积极推进机制砂行业高质量发展。

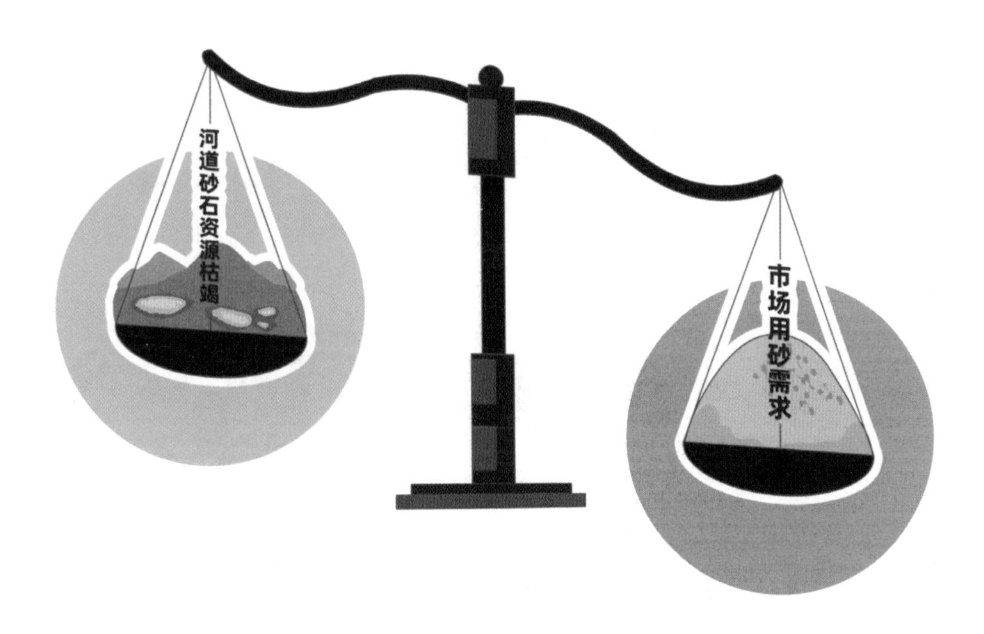

32 机制砂是如何生产的?

机制砂是将制砂原料通过制砂机和其他附属设备，经破碎、细碎、筛分等工序加工而成的，其质量与母岩材质、生产设备、加工工艺等因素密切相关。制砂原料主要有矿山天然岩石、矿山尾矿（废石、矿渣）、建筑废料、工业废渣以及河道内天然卵石等。

加工机制砂常用的岩石种类主要有石灰岩、花岗岩、玄武岩、白云岩、石英岩、凝灰岩、片麻岩、正长岩、大理岩、安山岩、流纹岩、辉绿岩、闪长岩、砂岩等。

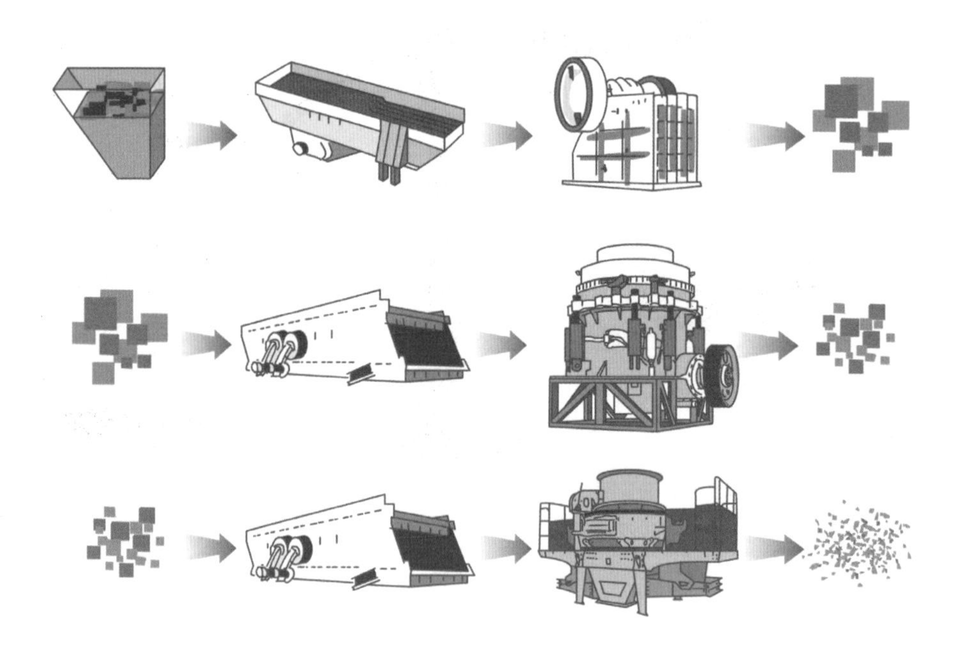

专题四

采砂管理

33 河道采砂由谁监管?

河道采砂监管是一项综合性的管理工作，涉及采、运、销、用等多个环节，以及人、船、车、砂等关键要素。对这些环节及要素管理的职能涉及多个相关政府部门，具体是哪些部门不同地区可能略有不同，但大同小异。

县级以上人民政府应当加强对行政区域内河道采砂管理工作的领导和协调。其中对于长江干流的采砂管理以及江西、湖南、湖北、黑龙江、陕西等地对各自辖区范围内的河道采砂管理明确实行地方人民政府行政首长负责制。

河道采砂管理一般由水行政主管部门牵头负责，具体负责行政区域内河道采砂的统一管理和监督工作。

公安、交通运输、自然资源、生态环境、农业农村、工业和信息化、林业、市场监督管理、应急管理、发展和改革、财政、住房和城乡建设、检察院等其他有关主管部门在各自职责范围内，依照相关法律、法规规定履行河道采砂监督管理责任。

34 河道采砂通常有哪些经营管理模式?

目前河道采砂经营管理模式主要分为两种。

第一种模式是过去长期以来一直实行的“传统开采经营管理模式”，即由县级以上人民政府水行政主管部门通过招标、拍卖等公平竞争方式确定开采权人（一般是民营企业），最终获得开采权的企业或个人按照相关程序，在政府的监督下实施开采经营活动。

另外一种模式是近年来一些地方政府探索实行的“政府统一经营管理模式”（以下简称“政府统管模式”），即由决定对行政区域内的河道砂石资源实行统一经营管理的市、县级人民政府确定一家综合实力较强的企业（一般为国企）对辖区内的砂石资源统一进行集约化、规模化、规范化开采的一种经营管理模式。

“政府统管模式”主要有三种表现形式：第一种表现形式（也是实行最为广泛的一种形式）是实行开采销售“双统一”，即由政府确定的国有公司对行政区域内

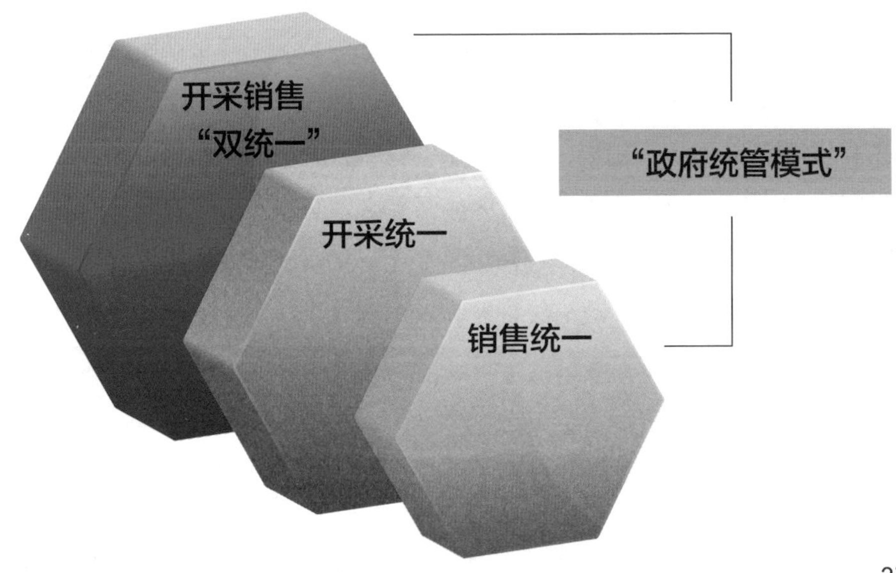

的河道砂石资源统一开采、统一销售；第二种表现形式是实行开采统一，即由政府确定的国有公司对行政区域内的河道砂石资源进行统一开采，而销售端全部或部分面向市场；第三种表现形式是实行销售统一，即政府确定的国有公司只对行政区域内的河道砂石资源统一销售，全面控制销售端，开采端则面向市场，由获得开采权的开采船主或企业进行开采，但开采的河砂必须全部交由政府确定的国有公司统一销售，开采船主或企业不得擅自销售。上述三种表现形式虽然各有特色，但是出发点和最终目的都是通过“政府统管”有效控制采量，避免无序超量开采，保障生态环境、防洪、通航、工程等安全。

35 河道采砂政府统一经营管理模式有哪些优势？

过去长期以来，各地主要采取传统的招标拍卖方式出让开采权，在这种模式下，部分竞争者抱着垄断开采权、超量、超范围开采等心理，哄抬价格，致使出让成交价格虚高，甚至拍出了“天价”。受让人在以高价获得河砂开采权的情况下，为能收回成本，获得利润，甚至是高额利润，想方设法通过各种手段超范围、超量开采，对环境安全、防洪安全、通航安全、工程安全等带来严重影响，给采砂监管带来巨大压力。为解决这些突出问题，一些地方政府积极探索实行了河道采砂政府统一经营管理模式，取得了显著成效。

根据管理经验以及在各地调研了解发现，与传统的河道采砂经营管理模式相比，河道采砂政府统一经营管理模式主要有以下几个方面的优势：

（1）规范了采砂秩序。国有企业有效克服了私人资本的逐利性、盲目性。统管后，由国有砂石公司按照规划和许可要求对河道砂石资源进行统一的开采经营，有效减少了超量超范围开采等非法开采问题，环境安全、防洪安全、通航安全、工程安全等得到了有效保障。

（2）优化了资源配置。国有企业能在更优程度、更高层次上配置资源，更利于宏观调控。统管后，由政府统筹开发利用砂石资源，根据市场供需情况，对开采的砂石资源进行统一调配，有效保障民生工程、重点工程等项目用砂，促进了经济社会更高质量发展。

（3）提升了服务质量。国有企业代表全民的福祉，能够集中力量办大事。统管后，由国有砂石公司实行集约化、规模化、规范化开采，在节约成本提高效率的同时，在管理质量、服务质量等方面也上了一个台阶，有效提高了用砂对象的幸福感。

（4）缓解了监管压力。统管后，水行政主管部门只需对国有企业一家单位进行监管即可，监管对象相对单一，且国有企业一般规矩意识和自律性更强，有效缓解了监管力量不足的问题。

36 河道采砂为什么要编制规划？

无序的河道采砂会对河势稳定、防洪安全、供水安全、通航安全、生态环境保护及基础设施安全运行等方面带来较大的影响，甚至造成极大危害。为规范河道采砂行为，加强河道采砂管理，保障河势稳定、防洪安全、供水安全、通航安全、生态环境保护及基础设施安全等，需要编制并规范实施河道采砂规划。

37 河道采砂规划编制有哪些规定?

河道采砂规划应紧密结合各规划河段的河道特性、采砂现状及规划期的管理需求确定；河道演变与砂石补给及可利用砂石总量分析应根据规划河段水文、地形、地质、已有的河道演变分析成果、人类活动影响等基础资料进行，对河势变化大的重要河段，还应进行水沙数学模型计算分析；采砂分区规划应在分析研究规划河段采砂影响因素或控制条件基础上进行，应划定禁采区、规划可采区，还可根据不同河流的具体情况设置保留区等。

38 河道采砂规划的主要内容是什么？

河道采砂规划的主要内容应包括：河道演变分析、砂石补给及可利用砂石总量分析、采砂分区规划、采砂影响分析、规划实施与管理。

39 河道采砂许可证有哪些内容?

河道采砂许可证是指由水利部流域管理机构或地方有关水行政管理部门颁发、证明单位或个人具有从河道管理范围内采砂权利的证件。河道采砂许可证实行一船一证，分为正本和副本。正本在采砂作业现场（一般在采砂船舶上）悬挂，副本由持证人保存。许可证上需载明的主要内容有采砂权人名称、地址、单位法人代表，采砂区名称、所在地，开采的范围（经纬度坐标）、控制开采高程、年度采砂实际控制总量、作业方式、禁采期、有效期限，采砂船舶名称、识别号、泵功率等有关事项。

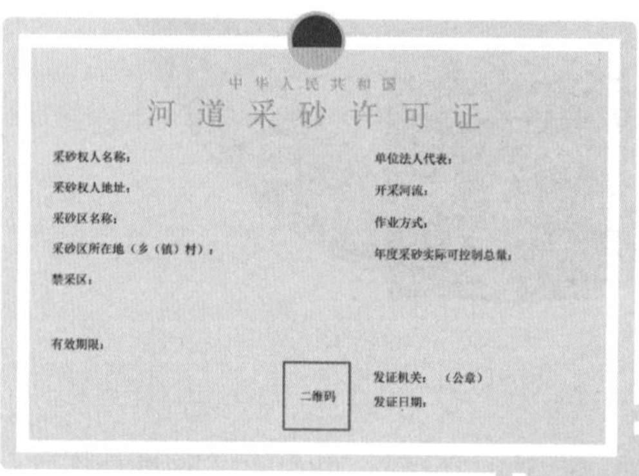

中华人民共和国

河道采砂许可证

采砂权人名称：

单位法人代表：

采砂权人地址：

开采河流：

采砂区名称：

作业方式：

采砂区所在地（乡（镇）村）：

年度采砂实际可控制总量：

禁采区：

有效期限：

二维码

发证机关：（公章）

发证日期：

开采范围及采砂机具

开采范围（经纬度坐标）				控制开采高程（m，85）	采（运）砂船舶信息			[illegible]
					名称	识别号	泵功率（kW）	

40 如何开展河道采砂许可？

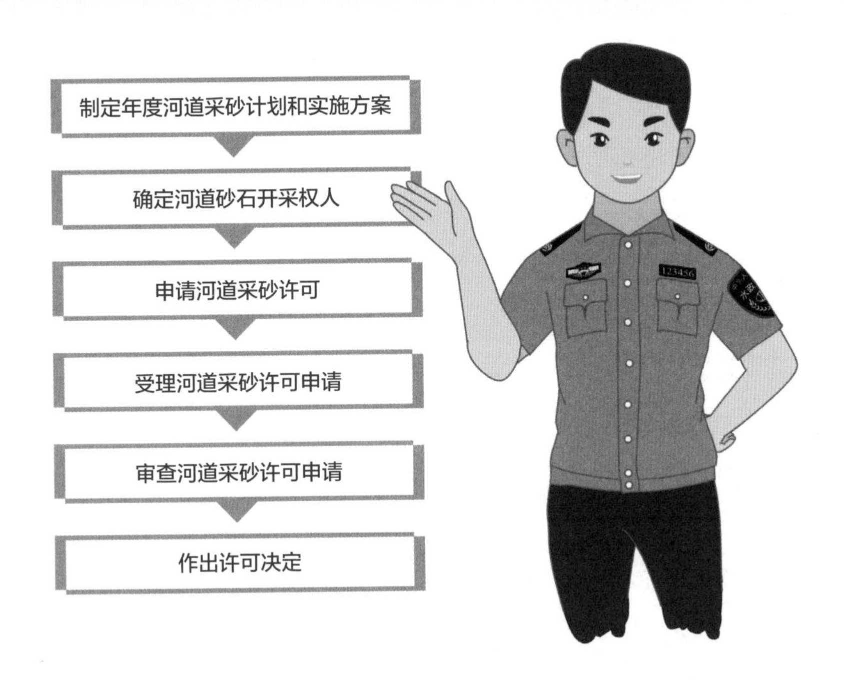

河道采砂许可的实施机关一般是水行政主管部门，一般一年一许可，许可的开采时限一般不超过一年。从制定开采计划开始，许可程序大致可分为六个步骤。

（1）制定年度河道采砂计划和实施方案。一般由有许可权的县级以上人民政府水行政主管部门根据河道采砂规划情况具体制定。

（2）确定河道砂石开采权人。通常是采用招标等公平竞争方式确定，由有许可权的县级以上人民政府水行政主管部门明确竞争条件，符合条件的单位或个人通过公平竞争获得开采权。（实行政府统一经营管理的地方除外。近年来，全国很多地方以市县为单位结合当地积极探索实行了河道采砂政府统一管理模式，在该模式下，河道砂石开采权人一般由当地政府通过协议等方式直接确定一家具有较强实力的国有公司，该公司将长期作为该辖区内的河道砂石开采权人，按照相关程序在政府的监管下实施河道采砂。）

（3）申请河道采砂许可。获得河道砂石开采权之后，河道砂石开采权人及时向有许可权的人民政府水行政主管部门提出河道采砂许可申请，并对其提交的申请材料实质内容的真实性负责。

（4）受理河道采砂许可申请。有许可权的人民政府水行政主管部门收到采砂许可申请后，对申请材料进行形式审查，对符合要求的依法受理；对申请材料不齐全或者不符合法定形式的，一次性告知申请人需要补正的全部内容。

（5）审查河道采砂许可申请。有许可权的人民政府水行政主管部门组织对河道采砂申请进行审查，审查结果作为采砂许可的参考依据。

（6）作出许可决定。有许可权的人民政府水行政主管部门，根据审查情况最终做出是否准予许可的决定，对符合许可条件的，作出准予许可的决定，向申请人颁发河道采砂许可证；对不符合许可条件的，作出不准予许可的决定，说明理由并书面告知申请人。

41 因疏浚、整治河道采砂的是否需要办理采砂许可?

因疏浚、整治河道采砂的，不需要办理河道采砂许可证，但应按照有关河道管理的法律、法规的规定办理相关手续，所产生的砂石如需上岸综合利用，还需编制疏浚砂石综合利用方案，并获得相应水行政主管部门审批。

42 疏浚砂石的综合利用有哪些规定?

疏浚砂石综合利用有关的规定主要有：坚持资源国有，政府统一处置，不得由企业或个人自行销售；坚持重点保障，统筹利用，优先保障重点基础设施建设和民生工程，在有条件的情况下可兼顾社会市场需要；坚持严格监管，规范实施，强化监管责任、监管制度和监管措施的落实，对疏浚砂石综合利用实行全过程监管，确保高效、安全、规范、有序。

43 疏浚砂石综合利用方案的主要内容是什么？

疏浚砂石综合利用方案主要包括：疏浚砂石综合利用实施的必要性、疏浚工程施工方案、疏浚砂石综合利用实施方案（包括砂石可利用量、上岸方式、砂石堆放等）、疏浚砂石综合利用监管方案、结论与建议等内容。

44 为什么要执行河道砂石采运管理单制度?

河道砂石采运管理单制度，简单地讲就是要求在河道管理范围内开采运输河砂必须持有水行政主管部门核发的河道砂石采运管理单的一项规定。实践证明，河道砂石采运管理单制度是遏制和打击非法采砂的一个有效手段，目前在长江流域被较广泛地执行。

由于非法采砂利润非常可观，在高额利润的驱使下，即使全国各地对非法采砂保持着高压严打的态势，非法采砂依然屡禁不止。非法采砂多发生在夜晚，以夜色作为掩护，作案工具也不断升级，隐蔽性越来越强，巡查发现的难度较大，而且非法采砂者一般具有较强的反侦察能力，通过盯梢等形式“监视”执法者，在这些情况下执法者很难直接抓到非法采砂现场。

实践发现，通过在运输环节对运输的砂子的合法性溯源能有效遏制非法采砂行为，但是通过肉眼观察或者简单的询问很难判断砂子来源的合法性，而通过执行河道砂石采运管理单制度，由监管部门对合法采区运出的每一船砂核发河道砂石采运管理单，每一船砂就好比有了“身份证”，通过查验河道砂石采运管理单就能较容易地判断其来源的合法性。如果不能出具河道砂石采运管理单基本就可以断定这船砂是非法偷采的砂子，这样非法砂源的出路就被堵住了，没有了出路必然会对非法采砂起到有效的遏制作用。在一些情况下，通过溯源甚至还可以及时发现、追踪到非法采砂线索，对非法采砂行为进行有力打击，因此全国各地积极推行河道砂石采运管理单制度。

45 为什么要推进使用砂石电子采运管理单？

通过执行河道砂石采运管理单制度有效加强了河道采砂管理，但是传统的纸质砂石采运管理单存在签发繁琐、易丢失、易伪造、难核验、数据归集难等诸多问题。

随着科技的高速发展，信息革命带来生产力又一次质的飞跃，利用信息化监管备受各行业监管部门的重视，已成为政府监管新的发展方向。信息化技术越来越多地被运用到政府日常监管工作中。2020 年以来长江水利委员会在长江干流及主要通江支流湖泊有序推进使用砂石电子采运管理单，江西等地也在辖区范围内积极探索使用砂石电子采运管理单。

砂石电子采运管理单的使用有效解决了传统的纸质河道砂石采运管理单存在的诸多问题，提高了对河道砂石“采、运、销”全过程监管的能力和效率，有利于各级水行政主管部门动态实时掌握各采区河砂开采、运输等情况，进一步提升了河道采砂管理科学化、精准化决策水平，因此一些地方积极推进使用砂石电子采运管理单。

46 不按许可规定进行采砂主要有哪些行为?

河道采砂许可是河道采砂及其管理的重要依据，依法取得采砂许可证的采砂业主应当严格按照采砂许可规定的有关内容和要求实施开采，违反许可规定进行采砂的将按照有关规定进行相应处罚。

不按许可规定进行采砂的行为主要有：超过河道采砂许可证确定的期限、开采范围、开采高程、开采量、开采功率以及开采方式等进行采砂；在河道采砂许可证办理过程中，未正式取得河道采砂许可证前，擅自提前进行河道采砂；伪造、涂改河道采砂许可证或者通过买卖、出租、出借、抵押以及其他方式非法转让河道采砂许可证；在河道内擅自设置砂场、堆积砂石或者废弃物；采砂船舶在禁采区内滞留或者禁采期在可采区内滞留；开采过程中未设置采区边界标志；未按要求在采砂现场悬挂采砂许可证等。

47 河道采砂“五定”是什么？

通常所说的河道采砂“五定”是指“定点、定时、定量、定船、定功率”。

定点是指必须在河道采砂许可的采区范围内实施河砂开采，不得超许可范围开采。

定时是指必须在河道采砂许可规定的时限内实施河砂开采，不得超许可时限开采。

定量是指按照河道采砂许可量控制各个采区的开采量，当开采量达到该采区的许可量时应立即停采，不得超过许可量开采。

定船是指在各个采区必须使用其采砂许可证上许可确定的相应采砂船舶实施河砂开采。

定功率是指实施河砂开采的采砂船舶的开采功率不得超过采砂许可证上规定的开采功率。

48 为什么要实行采砂船舶集中停放管理制度?

采砂船舶集中停放管理制度是指所有采砂船舶在禁采期内，以及未取得河道采砂许可证的采砂船舶在可采期内，必须在政府划定的合适水域（即采砂船舶集中停放点）进行集中停放的一项管理制度。

采砂船舶是在河道中实施非法采砂的重要作案工具，如果不加以严格管控，这些采砂船舶在河道管理范围内随意停放和游窜，将成为实施非法采砂的隐患点，同时也对航道安全、防洪安全、桥梁安全等产生潜在风险隐患。

实践证明，通过实行采砂船舶集中停放管理，限制采砂船舶的行动自由，就相当于牵住了实施非法采砂的“牛鼻子”，能有效从源头上遏制非法采砂行为，达到事半功倍的管理效果。基于良好的管理效果，各地积极推行采砂船舶集中停放管理制度。

49 采砂船舶离开集中停放点需办理哪些手续?

在集中停放点集中停放的采砂船舶无正当理由不得擅自离开，如确需离开的，需申请并经有关部门审批同意。以江西为例，采砂船舶（机具）确需离开集中停放点的，必须先由船主申请，经由有审批权的水行政主管部门同意并发放《江西省河道采砂船舶移动通行证》后方可离开。具体审批权限为：采砂船舶（机具）在本县内移动的由县级水行政主管部门批准；跨县移动的，需所到县水行政主管部门同意接受，并由设区市水行政主管部门批准；跨设区市移动的，需所到设区市水行政主管部门同意接受，并由省级水行政主管部门批准；跨省移动的，需外省设区市水行政主管部门同意接受后，方可批准。

50 河道采砂管理主要有哪些法律法规?

河道采砂管理有关法律法规是规范管理河道采砂行为的重要依据,《中华人民共和国水法》《中华人民共和国防洪法》《中华人民共和国河道管理条例》《中华人民共和国长江保护法》等法律法规均对河道采砂管理有所规定。

目前,在国家立法层面,已经出台的关于河道采砂管理的专项法规主要是《长江河道采砂管理条例》,该条例适用于在长江宜宾以下干流河道内从事开采砂石及其管理活动。

在地方立法层面,有些地方已经出台了关于河道采砂管理的专项地方性法规,如江西、湖南、湖北、广西、广东、四川等省(自治区)均出台了各自辖区的《河道采砂管理条例》,还有一些地方政府出台了《河道采砂管理办法》等政府规章或其他有关制度规定。

此外,为加强河道采砂管理,水利部、各流域机构、各地水行政主管部门等均制定出台了大量河道采砂管理有关规范性文件,如《水利部关于河道采砂管理工作的指导意见》《水利部 交通运输部关于加强长江干流河道疏浚砂综合利用管理工作的指导意见》《黄河下游河道采砂管理办法(试行)》《淮河水利委员会河道采砂管理办法》等。